Discovery Education 探索·科学百科（中阶）

3级B1 动物的生存之战

全国优秀出版社
全国百佳图书出版单位　广东教育出版社　学乐

中国少年儿童科学普及阅读文库

探索·科学百科™
中阶

动物的生存之战

3级B1

[澳]罗伯特·库珀◎著

顾涵婧(学乐·译言)◎译

Discovery
EDUCATION™

全国优秀出版社
全国百佳图书出版单位
广东教育出版社 学乐

广东省版权局著作权合同登记号

图字：19-2011-097号

本书原由 Weldon Owen Pty Ltd 以书名《DISCOVERY EDUCATION SERIES · Battle for Survival》

（ISBN 978-1-74252-186-2）出版，经由北京学乐图书有限公司取得中文简体字版权，授权广东教育出版社仅在中国内地出版发行。

图书在版编目（CIP）数据

Discovery Education探索·科学百科. 中阶. 3级. B1，动物的生存之战/ [澳]罗伯特·库珀著；顾涵婧（学乐·译言）译. 一广州：广东教育出版社，2014.1

（中国少年儿童科学普及阅读文库）

ISBN 978-7-5406-9377-0

Ⅰ.①D… Ⅱ.①罗… ②顾… Ⅲ.①科学知识—科普读物 ②动物—少儿读物 Ⅳ.①Z228.1 ②Q95-49

中国版本图书馆 CIP 数据核字(2012)第162191号

Discovery Education探索·科学百科（中阶）
3级B1 动物的生存之战

著 [澳]罗伯特·库珀　　译 顾涵婧（学乐·译言）

责任编辑 张宏宇　李　玲　丘雪莹　　**助理编辑** 胡　华　于银丽　　**装帧设计** 李开福　袁　尹

出版 广东教育出版社
　　　地址：广州市环市东路472号12-15楼　邮编：510075　网址：http://www.gjs.cn
经销 广东新华发行集团股份有限公司　　　　　　**印刷** 北京顺诚彩色印刷有限公司
开本 170毫米×220毫米　16开　　　　　　　　　**印张** 2　　　　**字数** 25.5千字
版次 2016年5月第1版　第2次印刷　　　　　　　**装别** 平装

ISBN 978-7-5406-9377-0　　定价 8.00元

内容及质量服务 广东教育出版社 北京综合出版中心
　　　　　电话 010-68910906 68910806　　网址 http://www.scholarjoy.com
质量监督电话 010-68910906 020-87613102　　**购书咨询电话** 020-87621848 010-68910906

目录 | Contents

食物链

所有的动物、植物乃至细菌都处在我们所谓的"食物链"中。对于很多野生动物来说，生活简直就是一场捍卫生存权利的战斗。它们每时每刻都要留意周围是否有那些可能吃掉它们的天敌，并且想方设法把自己隐藏起来，从天敌的利齿锐爪下逃脱。

每一个食物链的顶端基本上都是一些诸如狮子或老虎的食肉动物，这些顶级捕食者很少有天敌，能够吃掉食物链中的大多数动物。处于食物链中间环节的食肉动物则去捕食食物链中处在自己下游的那些动物。大多数动物在捕食其他动物的同时，也成为另外一些动物的捕食目标。还有一些动物只吃植物，它们被称为"食草动物"。

海洋食物链

不同的生存环境中存在着不同的食物链。在海洋中，大型鲨鱼是顶级捕食者，海洋中的其他生物很少能对它们构成威胁。其中，公牛鲨是最凶残的海洋杀手，它们三角形的巨齿能轻而易举地撕裂大型鱼类、海豚、海龟甚至其他鲨鱼。公牛鲨的猎物则靠捕食一些较小的海洋生物为生，例如虾类；而虾类的食物主要是海洋植物。

虾类

大型鱼类

公牛鲨

短趾雕

草蛇

巢鼠

空中捕食者

　　翱翔于天际的鹰类是空中食物链中的顶级掠食者，它们靠疾速的俯冲来抓住猎物。图中的草蛇马上就要成为这只短趾雕的腹中餐；而草蛇的猎物则是一些小型的哺乳类动物，例如巢（cháo）鼠；巢鼠则靠吃植物的种子与昆虫为生。

古老的捕食者

恐龙在地球上生活了 1.6 亿年，直到 6 500 万年前才灭绝。通过研究恐龙的骨骼化石和它们留在古老岩石上的脚印，我们已经对这类爬行动物以及它们的生活方式有了一定的了解。有些恐龙身形巨大，有些则比较矮小；有些身手敏捷，有些则行动缓慢笨拙。大多数恐龙都是食肉动物，有一些则是食草动物。

恐龙的猎物包括其他恐龙以及当时世界上的其他生物。它们利用自己锋利的牙齿、有力的颌（hé）骨、巨大的爪子、极快的奔跑速度和庞大的体型来征服猎物；在自卫时，它们也会利用这些优势。除此以外，它们背上尖利的棘刺和沉重的骨板，能够帮助其抵御其他动物的进攻。

其他古老的捕食者

在恐龙生存的年代里，它们无疑是最可怕的生物。但是除了恐龙以外，还有一些其他的古老生物，它们有些行走于地面，有些漫游于大海，还有少数则翱翔在天空。

犹他猛龙

这类恐龙有锯齿形的牙齿和镰刀状的爪子，它的前肢上很有可能有羽毛覆盖。

犬颌兽

和现在的狼一样，犬颌兽在捕猎时习惯成群出击，体型也和狼差不多大，牙齿的形状也比较相似。

坚硬的骨质颈盾

有力的颌

锋利的锯齿状牙齿

齿和角

　　阿尔伯塔龙往往利用其锋利的锯齿状牙齿和强壮有力的颌撕开猎物的肉。图中的阿尔伯塔龙正在攻击一条戟龙。戟龙有一支长而锐利的鼻角，头部后缘有一圈骨质角形成的颈盾，戟龙以此来抵抗和威胁其攻击者。

滑齿龙

　　滑齿龙是一种体型庞大的海生爬行动物。它能够迅速地在海域中游动，用巨大的颌吞噬猎物。

翼（yì）龙

　　翼龙是飞行类爬行动物，它能够在河面上俯冲盘旋，用其钩状的爪子抓住水下的猎物。

自卫

很多受到攻击的动物能够抵抗捕食者的攻击。有些能够迅速地逃离捕食者的追踪，例如，鸵鸟就能比它的捕食者跑得快很多。而且，被逼入绝境的鸵鸟还能以致命一踢，杀死妄图攻击它的捕食者。其他很多动物也能够用它们的爪、角、蹄重伤或杀死攻击者。

奇妙的大自然赐予了很多物种与生俱来的防御系统。一些动物可以在受到威胁的情况下改变体色或体形，与背景融为一体，使捕食者无法再察觉到它们的位置。有些动物的体色非常鲜艳，以此警告攻击者：它们的身体有致命毒素。还有一些动物则有锋利的背刺，能够震慑可能出现的捕食者。

反击

在凶猛的狮子面前，斑马几乎没有还手的余地。但是如果是一些体型稍小的捕食者，例如非洲鬣（liè）狗，斑马就会用自己坚实的后蹄予以有力反击。

不可思议！

一些蜥蜴面临危险时，可以通过自断尾巴来逃脱追捕。它们的攻击者往往被扭动的尾巴吸引了注意力，这为蜥蜴的逃生争取了时间。之后，蜥蜴的尾巴还能再次长出来。

锋利的回应

针鼹（yǎn）鼠，一种产于澳大利亚的动物，受到威胁时能够将自己滚成球状，将布满锋利尖刺的背脊面向攻击者。

可怕的青蛙

箭毒蛙的身体色彩斑斓，以此警告企图来犯的敌人自己有致命的毒素，吃掉它们是不明智的。

难闻的蛇

一旦某些蛇感觉到危险，它们就会翻转过来并且散发出腐烂的气味，这一招能震慑住所有的攻击者。

贝壳的掩护

寄居蟹会爬入空的贝壳中，躲避章鱼和其他天敌。贝壳能够为寄居蟹提供庇护。

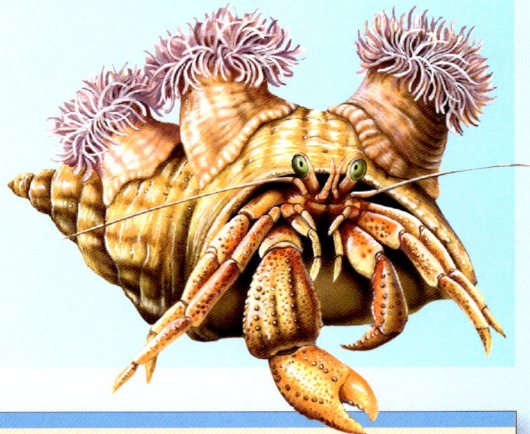

臭鼬（yòu）的御敌术

遇到天敌时，臭鼬一般会先试着逃跑。如果逃跑未遂，臭鼬会从尾巴底部喷射出一股恶臭的液体。

臭鼬盯视着攻击者

臭鼬抬起尾巴示警

臭鼬以前肢站立

臭鼬从尾巴底部喷射液体

各种各样的牙齿

　　和所有猫科动物一样，老虎的上颌长有两颗尖利的犬齿，它们用犬齿来抓住和杀死猎物。在两颗犬齿之间，老虎的上颌和下颌还各有一排稍小的门齿。

　　所有猫科动物的颌都只能上下移动，因此它们无法左右移动牙齿来磨碎食物。

牙齿和颌部

老虎的颌部肌肉非常发达。犬齿能够轻易地捕获并杀死猎物，门齿能牢牢地抓住猎物，口腔后部的臼（jiù）齿能够像剪刀一样，切断猎物的肉。

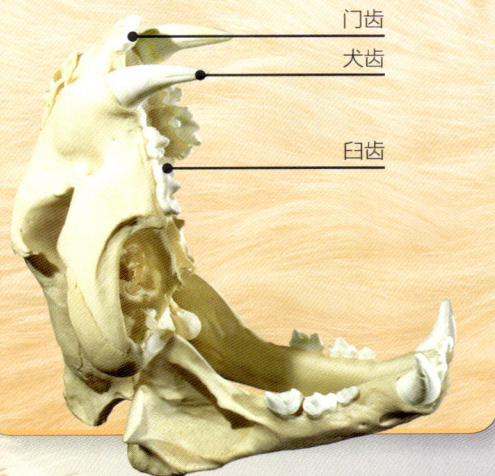

门齿
犬齿
臼齿

利齿

牙齿是动物世界中很多食肉动物的主要武器，尤其是对于那些捕杀大型猎物的动物来说。无论是在陆地上，还是在水中，食肉动物都依靠牙齿来捕杀其他动物，然后再撕裂它们的肉。

食肉动物的牙齿大小、形状、力量和锋利程度各有不同。和人类一样，大多数食肉动物的口腔内也有几种不同的牙齿，每种牙齿都有各自的功能：有些能抓住猎物，有些能刺伤猎物，有些则能碾碎猎物的肉。一些鲨鱼的牙齿呈锯齿形，能够轻易切开海豹等哺乳动物坚韧的皮肤。

蜥（xī）蜴（yì）的牙齿

科莫多巨蜥是世界上最大的蜥蜴。它们能够用锋利的牙齿咬住猎物，并且口腔里含有致命的细菌，能够慢慢地毒死猎物。猎物死后，巨蜥再用牙齿撕开猎物。

锐爪

很多食肉动物的趾端都有长而尖的爪子，在战斗中，爪子是它们的重要武器。例如，猫科动物捕食时总是猛扑过去，用爪子紧紧抓住猎物，然后再用尖利的牙齿进行攻击。而平时，猫科动物的爪子都是收起来的。

食肉类猛禽，如雕、隼 (sǔn)、猫头鹰等也有锋利的爪子。当它们从空中俯冲下来时，要用爪子来抓走地面上的猎物。

爪和牙

北极熊在捕猎时，一般总是安静地趴在冰面上等待。当一只海豹浮出水面换气时，北极熊就以迅雷不及掩耳之势，用长而尖利的硬爪抓住海豹，然后用牙齿把海豹拖出水面，撕开皮肉。

锋利而弯曲

不同种类的熊，其爪子用途各有不同，有的用来挖出猎物，有的能抓伤猎物，有的则能刺伤猎物。

挖得很深

有些熊的爪子可以长到 10 厘米长。

手指和脚趾

北极熊的前后脚掌上各有 5 个爪子，与人类的手指和脚趾一样。

蟹钳

在螃蟹前足的前端有一对大钳，可以抓住并夹断虾类等猎物。

巨掌

北极熊巨大的脚掌有 30 厘米宽。

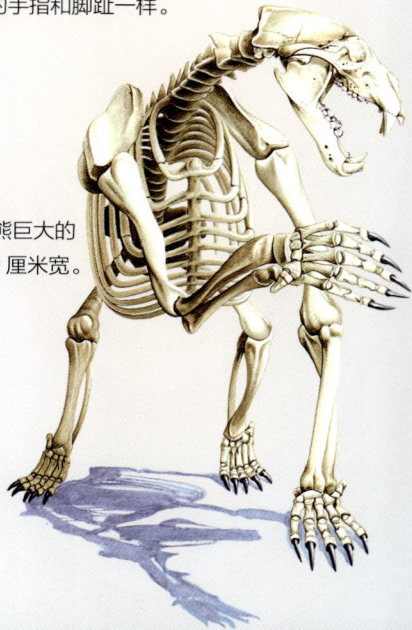

紧紧抓住

　　猫头鹰能够凭借超级敏锐的视力定位目标，然后一个俯冲，用锋利而弯曲的爪子抓住猎物。

张开爪子

　　在抓住猎物前，猫头鹰会先将爪子完全展开。

握住不放

　　猫头鹰的爪子保持不变的姿势，以便牢牢地抓住猎物。

毒液

毒液是很多动物另一个强有力的武器，能帮助它们捕捉和杀死猎物。有些动物，比如某种青蛙，体内含有剧毒，能够保护它们免受其他捕猎者的攻击；有些则有可怕的毒牙，一旦它们咬上猎物，就能通过毒牙注射毒液；还有一些在尾部或触角有致命的毒刺，能够杀死猎物或使它们昏倒。

跳起攻击

我们生活的世界上有很多有毒的蜘蛛。澳大利亚的漏斗网蜘蛛在咬住动物甚至人类时，会将剧毒液体注射进对方的体内。毒性最强的蜘蛛莫过于巴西游走蛛了，它们在攻击时会抬起后腿，再将毒牙刺入猎物体内。

巴西游走蛛

致命的蜥蜴

希拉毒蜥生活在美国西南部的沙漠地区。当它咬住猎物时，有毒的唾液会从口中流进猎物的伤口，慢慢地杀死猎物。

蝎子的尾刺

蝎子和螃蟹一样，也有一对钳子，蝎子就利用这对钳子来抓住猎物。为了防止猎物逃走，蝎子还会用有毒的尾刺蜇（zhē）死猎物。

蜇人的触手

僧帽水母身上悬挂着很多长长的、蜇人的触手，随着身体的游动而不停地晃来晃去。这些触手含有毒素，能够困住不慎游入其中的小鱼小虾，但是也有一些鱼能够安然无恙地在触手下游动，不受其害。

悄无声息的猎手

响尾蛇是生活在沙漠中的动物。它们在捕猎时往往埋伏起来，隐藏在枯叶下，利用其眼睛和鼻子之间的红外感应器官——敏锐的颊窝来感知猎物的位置。当响尾蛇袭击老鼠之类的猎物时，它会用针状的毒牙给猎物注射毒液。当响尾蛇闭上嘴巴时，毒牙可以收起，折叠在上颌。

敏捷的身手

敏捷的身手是很多动物得以保命的关键。它们必须要跑得够快，才能捕捉到猎物，存活下去；而另一方面，它们也必须要比自己的天敌跑得更快，才能逃避被吃掉的命运。无论是在陆地上，天空中，还是海洋里，速度都是一种至关重要的生存手段。一些捕食者不仅要有速度，而且还要能够神不知鬼不觉地接近猎物。例如，老虎的奔跑速度很快，但耐力却不行，因此它们最高效的捕猎手法，就是蹑手蹑脚地来到猎物附近，猛地一扑，迅速地杀死猎物。

疾射而出的舌头

变色龙，属蜥蜴亚目，它的奔跑速度并不快，但是舌头却能以极快的速度射出。这类蜥蜴大多生活在马达加斯加岛的热带雨林中。当变色龙发现昆虫时，它们的舌头便以闪电般的速度射出，舌头上的黏液能够黏住猎物。

变色龙的舌头抓住了目标

世界纪录

游隼是地球上速度最快的动物，俯冲时的速度高达每小时 322 千米。它以其他鸟类为食。

越来越快

猎豹是陆地上奔跑速度最快的动物。在捕猎时，它们能够在短短的 2.5 秒内加速到每小时 72 千米，然后，它们能继续加速到每小时 103 千米。

水中的纪录保持者

旗鱼可能是世界上游得最快的鱼，它们大多栖息于海洋中的温暖水域。在捕食时，旗鱼的水中速度高达每小时 110 千米，它冲向小鱼群或乌贼，以尖利的长喙刺向猎物。但是近些年来由于过度捕捞，旗鱼的数量已经减少。

旗鱼在感受到危险时，会张开自己多刺的背鳍（qí），向攻击者示警。

猎杀驼鹿

驼鹿的体重是狼的 12 倍之多，但是在 6 到 8 只饥饿的狼面前，驼鹿没有丝毫生还的机会，因为驼鹿身体的不同部位都会受到狼的攻击。

协作

生物界中，一些动物习惯独来独往，而另一些动物则更喜欢群居。体型小的动物如果协作捕猎，就会有更多的机会捕杀比自己体型大的猎物。所以，你绝不会看到一只蚂蚁去单挑一个蚱（zhà）蜢（měng），但是成群的蚂蚁却能攻击比它们体型大很多的昆虫。

狼和其他野生犬类非常擅长成群袭击。它们利用吼声、气味和肢体动作互相传递信息。此外，群居的生活也比独来独往安全得多，因为个体受到伤害的可能性大大降低了。例如，成年的非洲白犀（xī）牛会围成一个圈保护幼仔，使它们免受土狼和其他捕食者的攻击。

大餐

海豚也是合作捕食的动物。当它们发现鱼群时，一只海豚会像牧羊犬驱赶羊群一样，围着鱼群打转，把鱼群赶向其他海豚的方向。而这时，其他海豚就游入鱼群，饱餐一顿。

警示信号

这只蛾翅膀上的图案看起来就像是瞪大的眼睛。这种图案能够欺骗捕食者，使捕食者以为遇到了危险而放弃攻击。

保护色

很多动物身体的颜色和体态能够帮助它们自我保护，与背景融为一体，躲避天敌的追踪。这样的颜色或体态被称为伪装。

伪装可以帮助很多动物在可能的攻击者面前隐藏自己，还有很多捕食者也利用伪装神不知鬼不觉地跟踪、接近猎物。举个例子来说，老虎在悄悄接近猎物时，身上的条纹与枯黄的草丛融为一体，使得猎物几乎察觉不到它。再如，在斑马群中，斑马的黑白条纹互相交杂在一起，令狮子和其他的捕食者眼花缭乱，无法从斑马群中找出单独的一匹发动攻击。

潜伏的袭击者

伪装帮助捕猎者抓住猎物，也帮助猎物躲避捕猎者的追踪。我们在这里介绍几个伪装大师，它们能够不知不觉地靠近猎物，发起突袭。

变扁

马来西亚的飞行壁虎可以将腹部两侧的翼膜变扁，悄无声息地跟踪猎物。其身体上的图案与环境融为一体，而且变扁的身形也能够避免投下阴影。

斑点和凸粒

豹纹鲆（píng）身上的斑点和凸粒与砾石遍布的海底很相似，这是它捕捉螃蟹时极佳的掩护。

雪白的外衣

探出水面换气的海豹经常注意不到潜伏在附近的北极熊，因为北极熊的雪白皮毛与冰雪同色，等到海豹发现敌人时为时已晚。

丰富的色彩

变色龙的皮肤是透明的，含有黄色、红色、棕色和蓝色色素细胞。不同的色素组合使得变色龙的皮肤能变幻出不同的颜色。

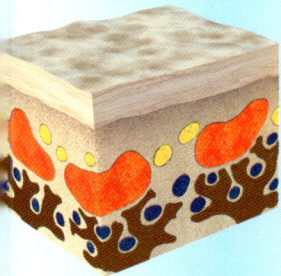

色素细胞

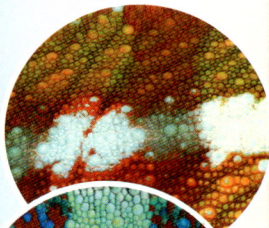

示警

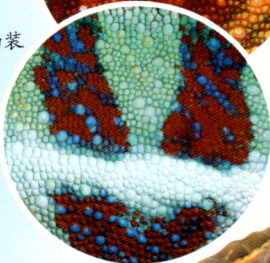

伪装

进攻还是防守？

随着深棕色色素细胞的大小变化，变色龙的皮肤呈现出不同的颜色。如果深棕色细胞变小，就能显示出其他颜色；如果深棕色细胞变大，就能掩盖住其他颜色。

迅速变色

变色龙是能够变色的蜥蜴。它们可以用色彩来互相沟通交流，也可以用明亮的颜色来吓退蛇之类的捕食者。

设置陷阱

大多数动物都自己去寻找猎物，但是有一些却选择设下陷阱，等着猎物自投罗网。蜘蛛无疑是动物界中设置陷阱的大师。蜘蛛能够吐出柔滑的细丝，织成一张黏性的大网。蜘蛛网悬在空中，一旦苍蝇之类的昆虫不慎飞入其中，就会被困住，无法挣脱。活板门蛛也是设陷阱的高手。由于它们往往隐藏在地下一个伪装好的洞穴中，猎物无法及时地发现它们，而等到发现想跑时，早就为时过晚了。

不可思议！

一些植物也能捕捉昆虫和小型动物。这种食肉植物遍布世界各地，主要是在雨林和其他潮湿的环境中，例如沼泽或池塘边。

设置陷阱

活板门蛛在地下挖出一个洞穴，洞口是一个用丝做铰链的活动式门盖。做完这些后，活板门蛛就躲到洞穴中守株待兔。

捕捉猎物

当它察觉到有其他昆虫经过洞穴时，便会突然从活门里弹跳出来，抓住猎物。

捕蝇草

植物虽然无法移动，但是有些植物却有本事设下陷阱抓住昆虫，捕蝇草正是其中之一。它有两片可以开合的叶片。

1. 吸引

捕蝇草以其鲜艳的颜色和甜蜜的气味吸引苍蝇。

2. 进入陷阱

苍蝇进入了捕蝇草的叶片之间，触碰到内侧的感觉毛。

3. 被困

叶片迅速闭合，捕蝇草开始消化苍蝇。

写字蜘蛛

这类蜘蛛蛛网上的 X 形结构能够使得蛛网更加牢固。由于其蛛网的形状看起来就像孩子的信手涂鸦，因此得名为"写字蜘蛛"。

缠绕

蜘蛛向飞虫体内注射毒液，并用蛛丝将飞虫缠绕包裹起来，以待日后食用。

被困

一只飞虫不慎飞入了蛛网，被困入其中。

体型和力量

高大的体型和强大的力量在野外生存中无疑是有用的，狮子和老虎之类的王牌猎手在这一方面就有莫大的优势，它们不仅能够猎杀大型猎物，甚至能够抵抗来自猎人的攻击。

力量是一些捕食者的主要武器。我们知道，大多数蛇都是利用毒液来征服猎物的，但是也有一些大型蟒蛇，例如巨蟒或王蛇，则是靠其令人窒息的肌肉力量紧紧缠死猎物的。黑猩猩也会利用其可怕的力量将其他体型较小的猴子猛撞在地面致死。

鳄鱼肉

缅甸蟒蛇生活在东南亚的森林和沼泽地带，它们可以长到 6 米长，主要捕食哺乳动物、鸟类和爬行动物。图中的这只巨蟒已将一只年轻力壮的暹（xiān）罗鳄活活缠死，并且从头部开始吞食。

你知道吗？

长期以来，人类一直为了珍贵的象牙而捕杀大象。虽然捕猎大象已经被禁止了，但是在世界上的很多地方，非法捕猎仍然没有停止。

世界纪录保持者

抹香鲸是世界上最大的齿鲸，体长可以长到 8 米，体重可达 50 吨，它们的头部和牙齿是所有动物中最大的。抹香鲸比任何一种海洋生物都潜水更深，所以能够捕杀大王乌贼那样体型巨大的猎物。

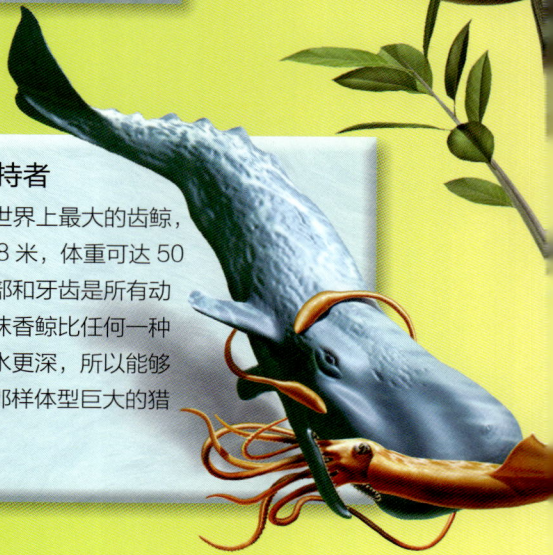

免受攻击

　　大象并非食肉动物，它们以草类和植物为食。大象是陆地上最大的动物，它们巨大的体型和力量能够保护它们不受其他动物的侵犯。

最大的动物
蓝鲸是世界上最大的动物。

微小的猎物
蓝鲸的食物是海洋中微小的生物，如磷虾等等。

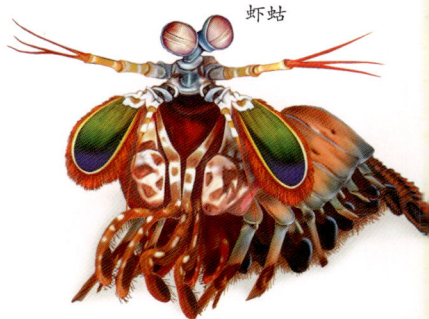

虾蛄

纪录保持者

动物是我们这个大千世界中很多奇妙纪录的保持者。有些昆虫以一起行动的数量之多而著称。例如，2 000 万只蚂蚁的大军能够毁灭沿途遇到的任何生物。非洲杀人蜂在 20 世纪 50 年代被引入巴西，它们有时也蜂拥着成群飞行，任何不幸与它们相遇的人或动物非死即伤。

快速的动作
诱捕颚（è）蚁的下颌运动速度以及虾蛄的前脚运动速度比人类肉眼的可视速度还要快。

诱捕颚蚁

非洲行军蚁

非洲杀人蜂

令人恐惧的大军
非洲行军蚁的移动速度非常缓慢，因此人们如果看到一只蚂蚁大军，还能有时间逃跑。一群非洲杀人蜂则难应付得多。

剧毒

　　有剧毒的动物各种各样，生活在世界不同的地域环境中。无论在陆地上还是在水中，都有这类动物的身影。

蜱（pí）虫

　　这类昆虫靠吸食人类和小型动物的血为生，吸血的同时还注射毒液。

蓝环章鱼

　　这类海洋生物的毒液能够在几分钟内杀死猎物。

石头鱼

　　千万不要站在石头鱼身上，因为它脊背上的硬棘含有剧毒。

蝎子

　　蝎子的尾部长有毒刺。

漏斗形蜘蛛

　　被这类蜘蛛咬一口，不仅会感到剧痛，甚至还有可能丧命。

箱水母

　　这类生物的触手含有剧毒，不慎游入其触手中的鱼类几乎瞬间死亡。

警戒色

　　金毒镖蛙生活在南美洲的丛林中，以蚂蚁为食。金毒镖蛙的皮肤上有一层剧毒。金毒镖蛙皮肤鲜艳的颜色警告那些可能的进犯者，进攻它是很危险的。

知识拓展

水生动物 (aquatic)

全部或部分时间生活在水中的动物，例如鱼类就属于水生动物。

细菌 (bacteria)

一大群类微小的单细胞生物。有些细菌使人和动物保持健康，保证正常的身体机能；有些细菌则是有害的、致病的。

猛禽 (birds of prey)

雕、鹰、鹫（jiù）、猫头鹰之类的鸟类被称为猛禽，它们捕食其他鸟类和动物。在发现目标后，猛禽往往俯冲下来，利用其锋利的爪子抓住并带走猎物。

伪装 (camouflage)

指动物身上帮助它们融入周围环境、使其不易被发现的颜色或体态。伪装能够保护许多动物免受攻击。

犬齿 (canine teeth)

哺乳动物嘴部前端长而尖的牙齿。很多食肉动物都利用犬齿来捕获并杀死猎物。

恐龙 (dinosaurs)

1.6亿年前，在地球上占主导地位的一种爬行类动物。恐龙在6500万年前灭绝了。

环境 (environment)

指生物生存的气候、生态系统和周围群体等自然条件的总和。

毒牙 (fangs)

这种锋利的牙齿中有一条沟槽或管道，可以向猎物注射毒液。一些蛇类和蜘蛛有这样的尖牙。

食物链 (food chain)

一种将生物联系起来的序列。食物链中高层的动物以捕食低层的动物为生。食物链顶端的捕食者是那些鲜少受到其他动物威胁的食肉动物。如果食物链中的一种生物灭绝了，那么就有可能危及到比这类生物更高层的动物。

栖息地 (habitat)

某一种动物在野外生存的环境种类，例如森林、沙漠、河流或海洋。栖息地为生物提供食物、住所和其他生存必须的条件。

食草动物 (herbivore)

那些只吃或主要吃植物的动物。食草动物不捕杀其他动物，却经常受到其他动物的捕杀。

兽群 (herd)

一群共同迁移、生活的群居动物，例如一群水牛或一群家畜。

门齿 (incisor teeth)

哺乳动物上下颌最前端的牙齿，在两颗较长较尖的犬齿之间，一般可用来切割食物。

磷虾 (Krill)

形状似虾的一种微小海洋生物，大量生活在南北极的冷水水域。磷虾是一些大型鲸鱼的主要食物。

哺乳动物 (mammal)

有脊椎，以乳汁哺育后代的恒温动物。人类属于哺乳动物，狗、猫、海豹、鲸鱼也同样是哺乳动物。

海洋生物 (marine)

指那些终生或大部分时间生活在海洋的动物。绝大多数鱼类都属于海洋生物，鲸鱼和海豹也是海洋生物。

臼齿 (molars)

哺乳动物口腔上下部分扁平的牙齿，在犬齿之后。臼齿往往用来咀嚼、磨碎食物。

兽群 (pack)

一群共同捕猎的动物，例如狼群或狗群。

色素细胞 (pigment cells)

控制动物皮肤和眼睛颜色的细胞。

食肉动物 (predator)

捕杀其他动物，借以为食的动物。

猎物 (prey)

被其他动物猎杀、吃掉的动物。

爬行动物 (reptile)

指有脊椎、呼吸空气、皮肤有鳞片的冷血动物。大多数爬行动物卵生繁殖。鳄鱼、蜥蜴、蛇和乌龟都属于爬行动物类。

唾液 (saliva)

人类和其他动物口腔中腺体分泌的水状液体。唾液能够帮助动物消化食物。

锯齿状 (serrated)

边缘粗糙而锋利，类似锯子的锯齿一样。

物种 (species)

外形和特征相似的一群动物。同一物种的动物可以交配繁殖下一代。

尾随 (stealth)

跟踪猎物而不被察觉的能力。

生存 (survival)

避免被其他动物捕杀而继续存活下去。

虫群 (Swarm)

一群昆虫，如蜜蜂、蚂蚁、蝗虫等，当它们成群结队大范围移动时，往往会造成巨大的破坏。昆虫以这种方式移动时被称为虫群。

触手 (tentacles)

章鱼和水母之类的海洋生物拥有的长而细的身体部分。触手可以感觉、抓住猎物，一些海洋生物的触手还能注射毒液。

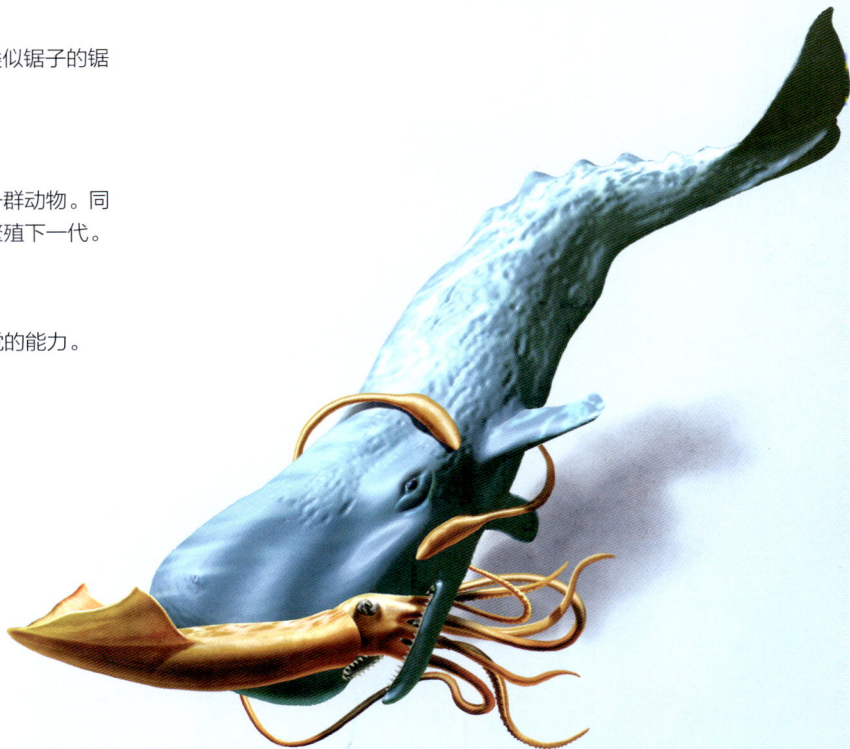

探索·科学百科™

Discovery
EDUCATION™

世界科普百科类图文书领域最高专业技术质量的代表作

小学《科学》课拓展阅读辅助教材

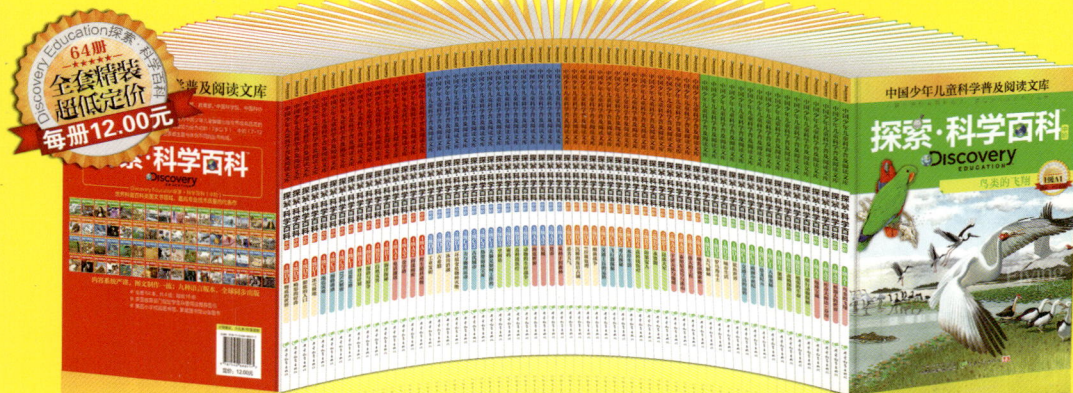

64册
全套精装
超低定价
每册12.00元

Discovery Education探索·科学百科（中阶）丛书，是7~12岁小读者适读的科普百科图文类图书，分为4级，每级16册，共64册。内容涵盖自然科学、社会科学、科学技术、人文历史等主题门类，每册为一个独立的内容主题。

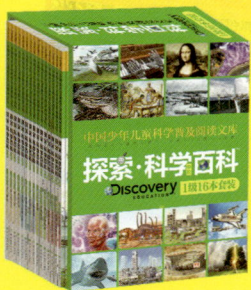

Discovery Education
探索·科学百科（中阶）
1级套装（16册）
定价：192.00元

Discovery Education
探索·科学百科（中阶）
2级套装（16册）
定价：192.00元

Discovery Education
探索·科学百科（中阶）
3级套装（16册）
定价：192.00元

Discovery Education
探索·科学百科（中阶）
4级套装（16册）
定价：192.00元

Discovery Education
探索·科学百科（中阶）
1级分级分卷套装（4册）（共4卷）
每卷套装定价：48.00元

Discovery Education
探索·科学百科（中阶）
2级分级分卷套装（4册）（共4卷）
每卷套装定价：48.00元

Discovery Education
探索·科学百科（中阶）
3级分级分卷套装（4册）（共4卷）
每卷套装定价：48.00元

Discovery Education
探索·科学百科（中阶）
4级分级分卷套装（4册）（共4卷）
每卷套装定价：48.00元